How to Make a Balcony Garden

阳台花园改造记

晓气婆　编著

江苏凤凰美术出版社

目 录

第一章　改造阳台前的准备工作

第二章　阳台花园案例分享

第一章

改造阳台前的
准备工作

生活在大都市里，谁都向往有一个属于自己的私家花园，然而，现实生活中因为各种条件的限制，往往难以满足。但是，家家户户都有的阳台，经过一番用心改造，我们也可以拥有自己的阳台花园。沁人的花香，形态各异的花朵，五彩缤纷的色彩，每天在家就能接触到大自然。

一、了解你的阳台

在动手改造阳台花园之前，先要对自己的阳台有一个充分的了解。不同的阳台，因环境条件不同，尤其是光照条件不同，需要选择不同的改造方案和植物搭配。植物的生长与环境息息相关，如果植物与生长环境不符，再美丽的植物也会渐渐失去生气，阳台花园的整体效果也就大打折扣了。

阳台按封闭程度可分为开放式阳台和封闭式阳台，按朝向可分为南向阳台、东向阳台、西向阳台和北向阳台，按楼层高低则分为低楼层阳台和高楼层阳台。

开放式阳台与封闭式阳台

开放式阳台

开放式阳台是指没有封闭的阳台，只有护栏。其采光和通风很好，观景视野开阔，非常利于植物的生长。这类阳台适合种植的植物较多，根据阳台朝向和光照情况选择合适的植物即可。

设计者：桥上看风景

需要注意的是，开放式阳台地面、墙面、天花所用的装饰材料一定要防水、防潮，防腐木、生态木和瓷砖是比较常见的选择。另外，高楼层开放式阳台上的风会比较大，业主还需考虑安全问题，要选用牢靠的种植器皿，防止滑动倾倒，也要注意阳台的承重，切忌配置过多、过重的盆槽，同时也要选择更加强健的植物。

✽ 封闭式阳台

封闭式阳台的采光性与通风性都逊于开放式阳台，但安全性较好，能阻挡尘埃和噪声的污染，还能遮风挡雨。

封闭式阳台的光照条件相对来说比较局限，阳光透过玻璃基本都是散射光，空气流通也较差，植物不能很好地呼吸，尤其是夏天，封闭阳台内的温度会较高，植物如果养护不当，很容易被闷死。针对这些问题，我们在挑选植物的时候就要根据阳台所处地域、朝向，冬天、夏天阳台的温度和干湿度，来选择合适的植物。最好是选择那些对阳光和通风要求不高、适应力比较强的植物，如蓝雪花、长寿花、一叶兰、旱金莲、龟背竹、仙客来等。

设计者：暖暖的阳台小花园

阳台的朝向与采光

阳台是住宅中与大自然最接近的地方,吸收阳光、空气和雨露。按光照条件不同,大致分为南向阳台、北向阳台、东向阳台和西向阳台。

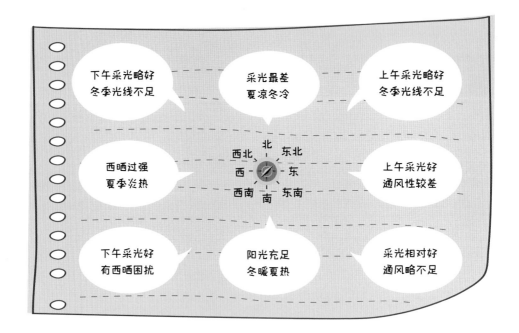

🌿 南向阳台

我国位于北半球,所以南向阳台阳光最充足,如果是晴天,一天至少有 6 小时的太阳直射光,属于全日照环境。因此,南向阳台适合种植阳性植物,常见的有月季、石榴、太阳花、马缨丹、变叶木、米兰、茉莉、天竺葵、三角梅、彩叶草、睡莲、仙人掌等。东南向和西南向阳台的光照情况基本上与南向阳台相似,适宜种植的植物也差不多。

🌿 北向阳台

北向阳台日照条件相对较差，基本没有阳光直接照射，只有明亮的散射光。应尽量选择阴生或耐阴的植物，如吊兰、蕨类、文竹、吊竹梅、龟背竹、常春藤、凤梨等，东北向和西北向阳台的光照情况基本上与北向阳台相似。需要注意的是，北向阳台在冬季特别容易受北风吹袭，容易发生低温危害，需要特别注意防护。

🌿 东向阳台

东向阳台只有上午约 4 个小时的阳光照射，属于半日照环境，而且阳光的强度不是太强，午后则无阳光直射，因此适宜种植的植物主要是耐阴植物和部分需要较强光线的阴性植物，如蝴蝶兰、蓝雪花、旱金莲、长寿花、虎尾兰、君子兰、山茶花、红掌、四季海棠等。

🌿 西向阳台

西向阳台只有下午可以照射到阳光，属于半日照环境。上午没有阳光直射，稍阴凉，但是到了下午，尤其是夏季，西晒特别强烈，温度也会很高，也就是我们通常说的西晒。温度突然升高，容易令植物受损，但是一到晚上又开始降温，所以适合种植那些耐强光、高温、干旱的植物，比如仙人掌和多肉植物，还有太阳花、千日红、三角梅等。

低楼层阳台与高楼层阳台

阳台因其楼层高低的不同，环境条件也会有一些差别，尤其在光照和湿度方面。

🌿 低楼层阳台

通常来说，低楼层阳台由于受到前后建筑物的遮挡，采光和通风都会逊于高楼层阳台。另外，如果低楼层阳台的周围，栽种了高大的树木，树冠会遮挡阳光，导致二层或三层阳台接受不到阳光的照射，湿度也更高，这种情况下，即便是南向阳台也只能选择阴性植物或者耐阴植物。

🌿 高楼层阳台

一般情况下，因为高楼层四周没有遮挡，采光和通风会更加优良，但是楼层越高，风也越大，阳台上的植物也越容易干燥，浇水的次数就要增加。另外，高楼层阳台的安全性也要更加注意，尤其是开放式阳台，花盆要固定牢固，谨防高空坠物。

二、阳台花园改造步骤

基础改造

一个理想的阳台花园，除了美丽的花花草草，基础环境也非常重要。在改造阳台之前，首先要盘点哪些地方需要改造，如地面、墙面、栏杆是否是自己想要的效果，清洁是否方便，裸露的水管是否破坏整体美感，等等。

合理布局

在改造阳台花园之前，需要做一个整体性的规划，划分出植物种植区域和我们的生活区域。植物的生长离不开阳光，因此，在规划植物种植区域的时候，一定要选择阳台光照最充足的地方。

防水、排水

阳台是家居环境中与外界环境接触最多的空间，雨水和日常生活用水都在所难免，所以需要做一系列的防水措施。一般来说，阳台防水层不能低于 30 cm，有洗衣机的地方防水高度要更高一点。改造阳台的时候，注意不能破坏原来的防水层。地面改造时要考虑水平倾斜度，保证水能流向排水孔，阳台与室内地面也要有 2 ~ 3 cm 的高度差。另外，最好选择排水量较大、排水顺畅的地漏。

材料选择

改造阳台花园，材料的选用是非常讲究的，不仅需要具备防潮、防水、防腐的功能，还要尽量贴合大自然的形态，建议选择竹、木、石等天然装饰材料。

🌿 地面、墙面改造

如果觉得地面与阳台整体的风格不搭，可以对地面进行改造，如果不想拆除原来的地砖，可以选择碳化木地板、防腐木地板或者塑木地板，操作简单，自己也能动手铺设，边角位置可以用鹅卵石填充。墙面改造主要以搁板、花架和壁挂格栅为主，可根据自己的需要选择不同的尺寸。

🌿 灯光

阳台自带的光源通常是不够的，可以添置一些氛围灯，如风灯、竹编灯笼、太阳能灯带等。

植物摆放与装饰

基础改造完成后，就可以构思阳台花园的布置形式了。通常阳台空间都是有限的，所以必须合理、充分利用空间。

🌿 根据阳台条件选择和摆放植物

植物的选择需要符合阳台环境与当地的自然条件，根据光照、通风和下水位置合理进行摆放。

🌿 优先种植主景植物

美化阳台花园时，可优先考虑种植主景植物，主景植物是结构的支撑，可以起到调节背景的作用。建议选择常绿且造型稳定的植物，如琴叶榕、大叶伞等，也可以选择藤本植物，如蓝雪花、藤本月季、三角梅、铁线莲等。

🌿 善用工具打造视觉焦点

摆放植物时，通常会选择某个角落作为阳台的焦点来打造。可以利用花箱、花架、各式挂盆、壁挂网格、栏杆挂架等，打造出高低错落的层次感；也可以把一面墙作为焦点，用格栅、花架或者搁板，将其打造成一面绿化墙。

添加装饰

有了主景植物和视觉焦点后，根据阳台风格和个人喜好再添置适宜的桌椅、小装饰品，打造出自己的理想花园。

三、适合阳台的 50 种植物

· 常绿或观叶植物 ·

发财树

花语：发财、财源滚滚

特性：树姿优雅，茎基部粗大，叶色周年翠绿，观赏价值极高，被联合国环保组织评为"世界十大室内观赏花木"之一。

种植位置：喜阳光，也耐半阴，除北向阳台外，其余方位均可。

蕨类

花语：魅力、风采迷人

特性：适应性强，四季常绿，形态飘逸潇洒，适宜吊盆观赏。

种植位置：耐阴性相当好，适宜在光线较暗的北向阳台摆放。

花语：富足、财源广进

特性：叶色亮绿，四季常青，形似铜钱因此得名，可常年观赏。

种植位置：喜光，又具较强的耐阴性。除北向阳台外，其余方位均可。

花语：秀雅、顺利、安稳

特性：形态优美，生机盎然，遇水即活，因顽强的生命力被称为"生命之花"。可攀附也可盆栽。

种植位置：阴性植物，喜散射光，适合北向阳台。

花语：青春永驻、健康长寿

特性：植株小巧，风姿优雅，四季常青，为观叶植物的上品。

种植位置：喜阴，忌阳光暴晒。除南向阳台外，其余方位均可。

花语：可爱、风情满满

特性：多肉植物种类繁多，形态奇特，有叶多肉、根多肉、茎多肉及全多肉四类，能够展示出浓郁的异国情调。

种植位置：喜充足光照，适宜西向、南向阳台。

吊兰

花语：朴实、淡雅

特性：吊兰四季常青，姿态优美，有"空中花卉"之美称，最适宜作吊盆栽种悬挂观赏。

种植位置：适宜明亮的非直射光或不强的直射光，适宜东向或北向阳台。

金边虎尾兰

花语：坚强、勇敢

特性：叶形耸直，极有神韵，给人以激奋亢进的感受，净化空气的功效很强。

种植位置：较喜阳光，有一定的耐阴能力，除北向阳台外，其余方位均可。

龟背竹

花语：健康、长寿

特性：叶型新奇有趣，四季常绿，是良好的观叶植物，有净化空气的作用。

种植位置：耐阴性较强，忌强光，适宜东向、北向阳台。

春羽

花语：希望、友好

特性：春羽四季常绿，初长成时是清新优雅的桌上小景，成熟后却会变得十分粗犷，被认为是北欧风中的点睛之笔。

种植位置：耐阴，但怕强光直射，除南向阳台外，其余方位均可。

琴叶榕

百合

花语：和平、吉祥如意

特性：叶片令人赏心悦目，在北欧风、极简风家居里经常可见，有一种向上的朝气感。琴叶榕比较宅，不喜欢经常被挪动。

种植位置：每天需4小时左右光照，适合东向、西向阳台。

花语：心心相印、百年好合

花期：4～7月

特性：目前栽培的多为杂交品种，如香水百合、火百合等，有白、黄、粉、红等多种花色。其香气浓郁，常用作新娘捧花。

种植位置：喜充足阳光，适合南向阳台。

一串红

太阳花

花语：热情、喜气洋洋

花期：夏季、秋季

特性：绿叶红花反差强烈，像爆竹似的小花充满喜庆、欢乐的气氛，此外还有一串紫、一串白等品种。

种植位置：喜阳光，适合南向阳台或天台。

花语：光阴、热烈

花期：5～11月

特性：太阳花又叫大花马齿苋，阳光下花朵打开，早晚和阴天闭合。花色丰富，开花期长，是一种优秀的观花植物。

种植位置：喜充足阳光，适合南向阳台。

天竺葵

花语： 决心、真爱

花期： 初冬至翌年初夏

特性： 株型好，叶密色绿，花朵鲜艳夺目，充满喜庆、热烈的气氛，观赏价值很高。花色有白、粉红、红、橙红、深红等。

种植位置： 喜阳光充足，适合南向阳台。

五彩石竹

花语： 女性美

花期： 5 ～ 11 月

特性： 株型低矮，花朵繁密，花姿娇美，观赏价值高。品种多，花色有淡紫、粉红、红、紫红、橙红、白、黄等。

种植位置： 喜阳光充足，需放在南向阳台。

月季

花语： 和平、友好、幸福

花期： 一年四季

特性： 花朵形态各异，色彩千变万化，有些还有浓郁的花香。其中植株矮、花叶小的一类称为微型月季，适宜盆栽。

种植位置： 喜充足阳光，稍耐半阴，适合南向阳台。

三角梅

花语： 红红火火

花期： 4 ～ 11 月

特性： 满树皆花，十分耀眼，常做花篱、棚架植物，深受人们喜爱。

种植位置： 喜充足阳光，适宜东向、南向阳台。

龙船花

花语：平安、吉祥

花期：全年

特性：株形美观，花序顶生，似一团团熊熊燃烧的火焰，非常喜庆。与其他花木配植，能增加空间变化和层次感。

种植位置：喜阳光充足，也耐半阴，适合东向、南向阳台。

绣球

花语：幸福、圆满

花期：6~7月

特性：花形别致，花色多变，花姿雍容华贵，在开花时节很是壮观。是常见的盆栽观赏花木。

种植位置：喜半阴，适宜北向阳台。

毛地黄

花语：热爱、喜欢

花期：5~6月

特性：花管状，白色或紫色，有斑点，适于盆栽，也可作自然式花卉布置。

种植位置：喜阳且耐阴，除北向阳台外，其余方位均可。

郁金香

花语：神圣、幸福

花期：3~4月

特性：花形、花色变化多端，高雅脱俗，百看不厌，深受人们喜爱，被誉为"世界花后"。

种植位置：喜阳光，应置于南向阳台。

蝴蝶兰

花语：纯洁、美丽

花期：春节前后

特性：花形优美，如群蝶飞舞，素有"洋兰皇后"的美誉。品种多，花色丰富。

种植位置：喜半阴，忌阳光直射。除北向阳台外，其余方位均可。

酢浆草

花语：爱国、璀璨

花期：4 ~ 5月，9 ~ 10月

特性：形态紧凑，品种多样，花朵日开夜合、晴开雨合。由于酢浆草低矮，生长快，开花时间长，花开时节十分壮观。

种植位置：喜光照，适宜东向、南向阳台。

炮仗花

花语：喜庆、安康

花期：冬季至春季

特性：生长迅速，主要用于栏杆、花廊等处的美化。开花时节，金黄色的小花犹如一串串鞭炮，为环境增添喜庆色彩。

种植位置：喜日照充足和通风环境，适宜东向、南向阳台。

向日葵

花语：光辉、对梦想的热爱

花期：7 ~ 9月

特性：向日葵又名朝阳花，因花盘随太阳转动而得名，可食用和观赏。其花色亮丽，纯朴自然，极为壮观，深受大家喜爱。

种植位置：喜阳光充足，适宜东向阳台。

葡萄风信子

花语：浪漫、忧郁与深情

花期：3 ~ 5 月

特性：花色明丽，开花时间较长，绿叶期也较长，被誉为"西洋水仙"。

种植位置：喜光，较耐阴，抗寒性也强，适宜西向、北向阳台。

旱金莲

花语：开心就好

花期：6 ~ 10 月

特性：缠绕半蔓性花卉，叶形如碗莲，花色有紫红、橘红、乳黄等，香气扑鼻。

种植位置：需温和气候，不耐寒，适宜东向、南向阳台。

鸳鸯茉莉

花语：昨天、今天和明天

花期：4 ~ 10 月

特性：开花有先后，在同一植株上能同时看到不同颜色的花，故又名"双色茉莉"，可释放出茉莉般浓郁的芳香。

种植位置：喜阳光充足的环境，不耐寒，适宜东向、南向阳台。

秋海棠

花语：相思

花期：4 ~ 11 月

特性：花形多姿，花色丰富，叶色柔媚，而且非常好养，无论是繁殖还是日常养护都很简单，是著名的观赏花卉。

种植位置：较耐阴，喜欢散射光的环境，适宜东向、北向阳台。

花语：渴望被爱、追求爱

花期：夏季

特性：叶子肥厚亮泽，花朵鲜艳夺目。水养的朱顶红会在水盆中长出洁白的根须，映衬在绿叶红花之中，分外养眼。

种植位置：不喜酷热，不耐强光，适宜东向、西向阳台。

花语：锦上添花、鸿运当头

花期：10 月至翌年 2 月

特性：开花多，花朵悬垂倒挂，鲜艳夺目，充满喜庆热闹气氛，具极高的观赏价值。

种植位置：喜半阴，适合在东向、西向阳台养护。

花语：美丽、永恒之美

花期：一年四季开花

特性：非洲堇花色丰富，有白、粉、红和蓝等，不仅能给我们带来视觉享受，还有净化空气的功效。

种植位置：耐半阴，怕强光与高温，除南向、西向阳台外，其他方位均可。

花语：品德高尚、幸福吉祥

花期：5 ~ 6 月

特性：花朵很有特点，长得像风车的扇片，开花时一眼便能认出，花香也很浓郁，比较好养，但要注意汁液有毒。

种植位置：适合半阳半阴环境，东向、西向阳台均可。

萼距花

花语：思念、浪漫和喜悦

花期：全年不断

特性：花色纯正高雅，开花期长，且开花时犹如繁星点点，有极佳的美化效果，能装饰各种空间，渲染多彩的环境氛围。

种植位置：喜光，也能耐半阴，适宜东向、西向阳台。

果子蔓

花语：好运、兴旺

花期：冬季到春季

特性：平时可观叶，开花时赏花，花型独特艳丽，观赏期长，是十分流行的盆栽植物。

种植位置：要有明亮的散射光，适宜南向阳台。

· 可食用植物 ·

芦荟

花语：合作、洁身自爱

特性：具有药用、美容及食用的多重价值。汁液直接涂抹在脸上，可保持皮肤的白皙、嫩滑，涂抹在烫伤、蚊虫叮咬处，有消炎、止痒的作用。

种植位置：对光照适应力较强，可于东向、南向、西向阳台种植。

生菜

花语：生财、发财

特性：一种走遍了全球的绿色蔬菜，在各大菜系中都能觅得它们的身影。其营养价值高，经常和各种水果、粗粮等组合食用。

种植位置：喜冷凉环境，既不耐寒，又不耐热，适宜西北向阳台。

小油菜

花语： 有才

特性： 很适合阳台栽培的蔬菜，不仅一年四季都可以栽培，而且成活率很高。油菜质地脆嫩，略有苦味，含有多种营养素，富含维生素C。

种植位置： 喜冷凉，抗寒力较强，适合西向、北向阳台。

薄荷

花语： 美德、良好的品德

特性： 在潮湿的场所，茎叶生长十分茂盛，叶片碧绿、闪闪发光并散发出清凉的香味。

种植位置： 喜光照充足的环境，适宜东向、南向阳台。

番茄

花语： 敢于尝试

特性： 品种繁多，果实营养丰富，风味独特，可生食，也可煮食，是很多人记忆中夏天最完美的解渴水果。

种植位置： 短日照植物，喜光，除北向阳台外，其余方位均可。

辣椒

花语： 引人注目

特性： 辣椒未成熟时呈绿色，成熟后呈红色、橙色或紫红色，是广大民众餐桌上的必备调味料。南北均有栽培，可食可赏。

种植位置： 对光照要求不严，除北向阳台外，其余方位均可。

花语：勇气、幸福

特性：被誉为"水果皇后"，兼具"高颜值"与"深内涵"的双重魅力，含有多种营养物质，且有保健功效。

种植位置：喜光植物，也有较强耐阴性。除北向阳台外，其余方位均可。

花语：圣洁、美丽

花期：5 ~ 9月

特性：花色丰富，体态可人，是重要的浮水花卉。品种多，花色有红、粉、黄、白、紫、蓝等。

种植位置：喜强光，适宜南向阳台。

花语：金银无缺、财运

花期：夏季、秋季

特性：铜钱草也叫圆币草、香菇草，为多年生水生草本植物。其适应性好，叶多翠绿，衬托水景，颇具风趣。

种植位置：耐阴，以半日照或遮阴处为佳，适宜西向、北向阳台。

花语：高雅、清逸脱俗

花期：1 ~ 2月

特性：我国十大传统名花之一，花姿优美，花香沁人肺腑，是春节用得最普遍的冬令时花。

种植位置：喜阳光，适宜南向阳台。

花语：宏图大展

花期：一年四季

特性：花形奇特，富有闪光的蜡质，其佛焰苞如同一只伸开的红手掌，因此得名；掌心上竖着的肉质柱形花蕊似蜡烛，故又名"花烛"。

种植位置：喜半阴，忌强光，适宜西向、北向阳台。

花语：高尚、纯洁

花期：6 ~ 9月

特性：荷花中通外直，花大色艳，出淤泥而不染，迎骄阳而不惧，为文人墨客所喜爱，是深受人们喜爱的优秀花卉之一。

种植位置：喜全日照，不耐阴，适宜南向阳台。

花语：富贵吉祥、节节高升

特性：粗生粗长，富有竹韵，观赏价值较高。品种丰富，可根据需要编织造型。

种植位置：喜半阴环境，忌强光直射。适宜西向、北向阳台。

花语：福星高照

特性：叶色翠绿、叶形奇特，形似莲状宝座，漂浮在纯净的水面上，非常可爱。

种植位置：喜阳光充足的环境，稍耐阴，适宜东向、南向阳台。

四、阳台园艺小工具

工欲善其事必先利其器，种花也是如此。一切准备妥当，才能轻松开启阳台园艺之路。

花盆

花盆是阳台花园的必备品，有了花盆才能种花。塑料盆轻便但透气性一般；红陶盆质地粗糙、较重，但透水、透气性好；瓷盆色彩靓丽、造型丰富美观但透气性一般；水泥盆简约有格调但是偏碱性；铁艺花盆导热性强，高温下不利于植物的生长，但适合塑造氛围。园艺新手应优先选择透气、透水的红陶盆。

修枝剪

修剪病虫害枝条、徒长枝条、枯叶等。如果没有大型植物，也可以用普通剪刀代替。

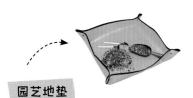

园艺地垫

用来翻盆换土、配土拌土、修剪植物等，防水易清理，一般选用 1m×1m 的即可。

园艺手套

用于保护双手，有防水、防污、防刺等作用，植物上盆、拌土、施肥、喷药等都要用到。如果植物没有刺，也可用塑胶手套或一次性手套代替。

浇水壶

主要用于给植物浇水、施液体肥或稀释药剂灌根杀虫。

喷壶

主要用于加湿空气、喷药和施叶面肥。

园艺水枪

浇灌方便快捷，能通过调节喷头浇灌高处的植物，适合花草较多的大型阳台。

园艺铲套装

可用于松土、拌土、除草、扦插、移栽植物等种植维护工作。

支撑架

用来支撑植物生长和做造型，可以根据植物特点购买适合的支撑架。

园艺铁丝

用来固定植物枝蔓，矫正植物长势，辅助植物造型。可随意弯曲，不伤手。

温度湿度计

可实时监测阳台的温度和湿度。强烈建议种植新手准备一个，可及时发现温度、湿度变化，防患于未然。

五、阳台植物选购与养护技巧

如何选购健康的植物

市场上的花卉通常看起来都很旺盛，但是买回来养一段时间后状态就大不如前了，为了购买之后的养护更加顺利，从购买时就要注意季节、植物品质等因素。

🌿 季节

选购植物时，需要注意季节性及生长条件，在购买之前就要了解植物的生长习性。如观叶植物，虽然全年都可以买到，但观叶植物多产于热带，喜欢高温环境，所以春末到秋初生长最为旺盛，品质最佳。

🌿 检查根部

在选购盆花时，尽量不要选择看起来很拥挤的，因为其根部已经没有太多的生长空间，对新手小白来说，买回家重新换土修根也不是一件很容易的事情。观察根系，白根一般都是新根或是老根的尖端部分，有很强的生命力和吸收能力；黄根一般出现在老根和根的基部表面，这种根的吸收能力大大减弱；黑根一般是因为土壤板结或者积水造成的病害。有种植经验的花友，可以试着把植物从花盆里移出来，检查根系散布是否均匀，是否有黑根、烂根等。

🌿 观察植物长势

购买植物时，要观察植物的长势。留意植株是否有嫩芽萌出，有嫩芽代表植物健康有活力；叶片是否浓郁有光泽，有光泽表示植株健康，光线和营养都充足。蕨类植物应选择茂密、叶片无黑斑的；斑叶植物应选择特征明显、颜色鲜明的；藤蔓植物建议挑选茎叶紧密、无损伤、株型饱满的。

🌿 检查是否有病虫害

购买植物时，应观察植株是否健康，是否有黄叶、褐斑，是否有害虫啃咬的痕迹。检查时应在光线明亮处，叶片两面和茎干都要仔细检查。

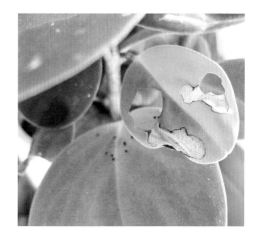

阳台植物浇水技巧

阳台植物以盆栽为主，盆栽因盆器的限制，土壤水分没有自我调节的能力，对浇水的要求较高，且不同植物对水分的需求不一样，浇水方法不能一概而论。为了让植物更好地生长，盆土最好有一个干湿变化的周期，这样才能使土壤中有空气流动，植物的根部才能呼吸。浇水时间也不是固定的，而是根据植物对水分的需求和空气湿度的变化来调整。

设计者：桑陌

🌿 何时该浇水

①手指插入土壤约 2 个指节，感觉土是干的再浇水。

②通常叶片厚的植物较耐旱，可在叶片稍垂时浇水。

③比较小型的盆栽，可以掂一下，感觉变轻即可浇水。

🌿 浇水方式

①浇水。用水壶贴着盆沿浇水，不会淋湿叶面，适合叶面怕湿的观叶植物。

②喷雾。喷雾能增加空气湿度，使叶面保持洁净，适合喜欢高湿度的植物。

③浸盆。将花盆放入一个装水的大盆中，水通过花盆底部的孔，均匀地渗入泥土中。

🌿 浇水原则

①干透浇透。干湿交替，等盆土完全干了再浇水，且一次浇透，主要适合一些具有革质或蜡质状叶片的半耐旱植物，如吊兰、君子兰、文竹等。冬季温度低时可适当减少浇水次数。

②见干见湿。"见干"是指要等到表层土壤干了才能浇水；"见湿"是指浇水时要浇透，直到盆底有水流出。要做到盆土有干有湿，既不可长期干旱，也不可经常湿透，而要干湿相间。这种浇水方式有助于植物的根系健康生长，防止因浇水过多而导致烂根等不良现象。见干见湿的浇水方式适合中性植物，如栀子花、米兰、山茶花、绣球等。

③宁干勿湿。宁可土壤稍微干一些，也不可频繁浇水，等表层土壤完全干了才可浇水，忌排水不良或经常潮湿。这种浇水方式适合耐旱植物，这类植物一般叶子或者茎部肉质肥大，能蓄存大量水分，长期湿润的环境会造成烂根、烂茎甚至死亡。常见的耐旱植物有仙人掌类、多肉植物等。

④宁湿勿干。表土一干即进行浇水，盆土要经常保持潮湿的状态，但也不能长期积水。这种浇水方式适合喜湿植物，湿润的环境能使它们长得更加繁茂，如马蹄莲、龟背竹、玉簪等。

同一种植物在不同的生长阶段对水分的需求是不一样的。生长期需要的水分较多，休眠期需要的水分很少，如落叶植物在冬季休眠时必须减少浇水次数，球根类花卉在休眠时可以停止浇水。一般中性植物在生长期选择"见干见湿"的浇水方式，而到了休眠期就要选择"宁干勿湿"的浇水方式。另外，夏季要比冬季浇水次数多，连续大晴天要比阴雨绵绵的日子浇水次数多，盆土为沙土类的浇水次数要比黏土类的多，用粗陶盆栽种的植物浇水次数要比用塑料盆、瓷盆种植的多，等等。

正确的施肥方法

光照条件充足，植物生长较快时，植物就需要较多的养分。

肥料种类

①有机肥。适合阳台植物用的有机肥有蚯蚓粪、鸡粪、羊粪、豆饼肥等。

②化肥。化肥品种多，一般为固体，目前应用最多的是复合肥。

③缓释肥。又叫控效肥、长效肥，缓释肥施肥一次能满足植物很长时间的生长需求。

🌿 施肥注意事项

不管什么肥料，只有运用恰当才能对植物有益。

①适时。按照植物的需要进行施肥，春天是植物生长旺盛的季节，肥料可以被充分吸收，入秋后施肥次数和数量就要逐渐减少，冬季低温或者植物休眠期宜少施或不施，夏季休眠或者生长缓慢的植物也应如此。另外，降雨或者高温烈日的中午也不宜施肥。

②适当。不同肥料对植物生长发育的作用是不一样的，如氮能促进叶子的生长，磷利于开花结果，钾能使植株坚韧有利于盆花越冬。市场上的复合肥，为了适合不同的植物及不同的生长周期，氮、磷、钾的比例也不尽相同，可以选择一些经过配比的专用肥，针对性强，效果更好，如兰花用缓释肥、多肉用专用肥等。

③适量。不管什么肥料，如果用量不足，植物的生长会缓慢或者发育不良。但施肥过量，也会造成肥害，肥害的特征是叶面变皱、卷曲或发黄，严重时可导致整盆枯死。初学者养花应本着薄肥勤施的原则，防止肥料浓度过高，出现烧苗现象。

常见病虫害防治

植物的病害有两大类：一类是环境因素导致的病害，因温度、光照、水分、土壤等不适宜引起的病害；另一类是由微生物侵染植物引起的病害，如果不小心防治，容易传播影响其他健康植物。

🌿 环境引起的病害

①冻害。植物在冬季防护不当，因低温导致的冻伤、冻死。

②晒伤。植株被烈日灼伤，严重时叶端、叶缘、叶面会出现焦黄烧灼现象。

③肥害。施肥过量对植株造成的伤害，特征是叶子变得皱皱的，严重时整盆叶子发黄、枯萎。

🌿 病毒引起的病害

①白粉病。白粉病由真菌中的白粉菌引起，主要发生在植物的叶、嫩茎、花梗及花蕾等部位。病症初为白粉状，扩散后可联成片，不通风、光线条件差的环境特别容易诱发。白粉病可用英腾防治。

②黑斑病。叶片上有明显的褐色斑点，斑点会逐渐扩大，老叶子上较为严重。黑斑病在长时间的高温潮湿环境下很容易自然生成，所以预防是关键。一旦发现，要及时处理掉病叶，并且喷药治疗，防止扩散。可用氟硅唑、多菌灵等治理。

③炭疽病。盆栽很常见的一种病害，初期为黑褐色凹陷病斑，后面逐渐扩大形成中央有坏疽的病斑。多发于高温高湿及通风不良的环境。可用嘧菌酯、苯醚甲环唑等防治。

🌿 常见虫害与防治

①红蜘蛛。红蜘蛛呈橘黄色或红褐色，个体极小，且多藏于叶背，不易发现，一旦发现往往花卉受害已经比较严重了，爆发时会织成像丝一样的网状物。红蜘蛛在叶片吮吸汁液，破坏叶片组织，使叶片呈现灰黄点或斑块，并可能出现卷曲、皱缩、枯黄、落叶。红蜘蛛喜高温干燥的环境，每天给植株喷水有预防效果。个别叶片受害，可摘除虫叶，较多叶片受害时，应及早喷药，可用爱卡螨、丁氟螨酯等农药，注意叶片背面也要喷到药剂。

粘虫板可以根据花园风格和个人喜好，裁剪成合适的形状和图案

②小黑飞。小黑飞喜欢潮湿温暖的土壤环境，幼虫喜欢取食土壤内的腐殖质，也会残害植株的根茎，出现伤口从而感染病菌，危害植株健康。尽量保持养护环境的良好通风，不通风的温热环境小黑飞的繁殖爆发能力特别强。小黑飞成虫飞行能力偏弱，通过喷洒阿维菌素等药物能有效灭杀。还可以通过物理手段对其进行预防和灭杀，悬挂黄色粘虫板，或者用蚊香驱赶都能达到不错的效果。

③蚜虫。蚜虫在高温潮湿以及不通风的环境下极易发生，可造成植物生长率降低、叶斑、泛黄、发育不良、卷叶、枯萎以及死亡。蚜虫的唾液对植物也有毒害作用，还能够在植物之间传播病毒。一旦发现，应马上剪除有虫的部位，用清水清洗叶片，也可用黄色粘板诱杀。如果爆发，则必须及时采取喷洒药物灭虫，可用吡虫啉、阿维菌素、溴氰菊酯等药物防治。施药时需做好自身保护措施，戴上口罩、手套等，防止药物对人体产生危害。

④蚧壳虫。蚧壳虫体型微小，种类繁多，多附生在植物的叶片、茎部及根部。以口器刺入植物吸食汁液，可导致叶片枯黄、脱落。蚧壳虫喜欢闷热、隐蔽的环境，枝叶过密，利于其生存和繁殖。蚧壳虫繁殖能力特别强，发现有一只蚧壳虫，就要仔细检查全株植物，每个缝隙都不要错过。蚧壳虫数量不多时可采用物理杀法，用针或者镊子扎破蚧壳虫；用高浓度的白醋整株喷洒，蚧壳虫密集的地方用棉球蘸白醋擦拭；用毛笔蘸浓度75%的酒精擦拭虫害部位。如大面积爆发可用国光蚧必治、护花神等药物喷洒。

不用药的病虫害防治小技巧

阳台养花难免会招来一些虫害，喷药害怕影响健康，尤其是有小孩或者养了宠物的家庭，但是不及时处理的话虫害会越来越多。有一些天然的"杀虫剂"，可以达到不错的防治效果。

草木灰

草木灰加5倍左右的水浸泡24小时，过滤后喷洒在虫害处，对蚜虫、菜青虫和白粉病都有很好的防治效果。在盆土表面撒一层草木灰，可以防止害虫在土壤中产卵，同时还能改善土壤环境。

茶枯

茶枯富含生物碱、皂素，能够杀虫除菌。将茶枯浸入7~10倍的水中煮开泡发一夜，过滤后喷在虫害处，对蜗牛等软体害虫防治效果较好，还可以防治叶子上的锈斑病。茶枯水灌根，对土壤中的蚯蚓和蚂蚁也有较好的防治效果。

烟丝

我们常用的杀虫剂，很多都是烟碱类的，烟丝中就含有烟碱，所以烟丝泡水确实能够在一定程度上达到防虫杀虫的效果。将烟丝或吸过的烟蒂，加水浸泡1~2天，过滤后稀释，喷洒在虫害部位，也可以稀释后浇花，能消灭土壤中的害虫。烟丝泡水对蓟马、蚜虫、小黑飞、红蜘蛛都有很好的防治效果，但是一定要稀释，浓度过高容易把植株烧死。

葱、蒜

葱、蒜的汁液含有硫化物，能杀菌灭虫。将葱、蒜捣烂后加水浸泡3~5小时，过滤后加6~8倍水稀释，喷在有虫害的位置。对比较小的虫卵、蚜虫、蚧壳虫、红蜘蛛等有较好的防治效果。

❋ 胡椒、花椒

胡椒、花椒气味辛辣，取 20 粒左右，加 500 毫升清水煮 15 分钟，冷却过滤后加 10 倍左右的水稀释，喷在花草周围，能有效驱赶害虫，对小黑飞、蚜虫、蚧壳虫、螟虫、虱等都有很好的防治效果。

❋ 辣椒

辣椒所含的"辣椒素"对蚜虫、小黑飞、鼻涕虫有较大的杀伤力。取辣度较高的新鲜辣椒，切碎后加 30 ~ 35 倍的水，煮开、放凉、过滤后喷洒，可以有效地防治蚜虫、土蚕、红蜘蛛等害虫。

❋ 洋葱

洋葱汁液含硫化物，它的刺激性气味能快速驱赶小黑飞、蚊蝇、蚂蚁等。将洋葱捣烂后加 30 倍的水浸泡 1 ~ 2 天，过滤后喷洒在虫害位置，每 3 ~ 5 天喷洒一次，对蚜虫、红蜘蛛也有较好的防治效果。

❋ 柑橘皮

柑橘皮加 10 倍左右的水浸泡 1 ~ 2 天，过滤后喷洒在花盆表面，可以防治蚜虫、红蜘蛛、潜叶蝇等。

❋ 米醋水

将米醋按照 1 ∶ 150 的比例稀释，喷洒叶面可防治白粉病、黑斑病、白粉虱等。喷洒的时候注意叶面正反两面都要喷到。

第二章

阳台花园案例
分享

线粒体花园

坐标：上海　　　　　　楼层：8 楼

面积：3.6㎡　　　　　　设计者：周航

朝向：南向

主要植物配置

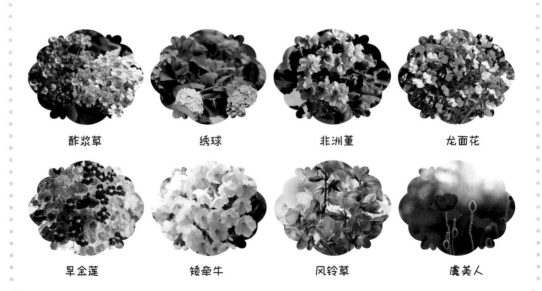

| 酢浆草 | 绣球 | 非洲堇 | 龙面花 |
| 旱金莲 | 矮牵牛 | 风铃草 | 虞美人 |

阳台概览

一个室外阳台（未封闭），有玻璃顶，面积 1.2 m×3 m，朝南，冬季几乎全日照，春秋有 2 ~ 4 小时阳光直射，夏季部分面积有直射光，通风绝佳。一个室内飘窗，面积 2 m×0.8 m，朝南，冬季几乎全日照，春秋有 2 ~ 4 小时阳光直射，夏季无阳光直射，最左侧和最右侧各开一扇宽 40cm 左右的小窗，通风条件较好。

新家重新装修完毕，我从一名花园露台党成功降级到了阳台组，地方小了但是野心不减。没了宽敞的大环境，不得已放弃成群的月季花与灌木，不再追求爆盆与屯集，让园艺回归于生活与情趣，这或许同样是一种解脱吧。

作为一名种植狂魔，从装修的一开始就明确了室外阳台坚决不封闭，大多数植物只能在室外环境中自由生长。室内飘窗上以苦苣苔和网红植物为主，也是家里喵主子思考喵生的地方。

室外阳台布置

阳台空间实在有限，只能尽量拓展垂直种植空间，爬藤架、隔板、壁挂……能装尽量装，但还是要克制一下"贪婪"的本性，毕竟壁挂花盆浇水方面有诸多不便，而且垂直空间还是需要一些留白与硬质装饰，才有生活的气氛。

冬季植物萧瑟，阳台的骨架看得比较清楚。地面通铺宜家的户外防腐木地板，书房的南窗与阳台左手边的墙体相连，窗下靠墙处放了一个宜家的储物凳，各种备用的花盆、种植土、肥料、园艺工具可以统统丢进去，还能坐在上面看书、喝茶、撸猫。角落里是宜家的爆款铁艺置物小推车，最上面一层放花，中间一层放各种经常用到的肥料、剪刀、绑扎带，最下面一层藏着一盒营养土，随时备用。

栏杆上的内外两排花架是这个小阳台绝对的"C"位，酢浆草、月季、绣球和各类播种育苗的草花在此轮番上阵。

东边的白墙上安装了一个竹艺花架，方便种植大型爬藤植物，例如风车茉莉、铁线莲、牵牛花等。今年是入住第一年，我种了两颗香豌豆，从种子开始，不过第一次种香豌豆有些低估了它的个头，花架的高度和花盆大小都有些不够。

朝西的墙头和进入小阳台的玻璃门并排，墙上挂的是买的成品壁画花架组合，竹梯和铁皮桶的组合也正好呼应了对面东墙上的竹艺花架和金属装饰镜。

室外阳台植物图鉴

阳台上的植物不是买的小苗就是去年秋季播种而得，简单易种又貌美。值得江南地区参考，尽力满足四季花开。

冬天里的花火：ob 酢浆草

秋播的得意之作：矮生勿忘我"维多利亚"

秋播的草花：龙面花"航空"

风铃草"新星（白）"

风铃草"塔凯恩"

风铃草"新星（蓝）"

风铃草只要及时修剪残花，花苞就能不断再生，开花 40 天无压力。所有风铃草都是今年 1 月份买的穴盘小苗，收到以后用 8 cm×8 cm 的小白方盆假植了两个月，根系长满后换 15 cm 左右口径的花盆定植，通用营养土掺鸡粪肥，每周一次水溶性开花肥，小苗抗冻性不错，春天疯长也很快。

能开成瀑布的风铃草"加尔加诺"，"加尔加诺"花量大而密集，不过第二波花比较零星

虞美人"瓢虫"

另一种秋播的草花虞美人"瓢虫"，"瓢虫"可以说是除了虞美人"冰岛"以外所有虞美人品种当中最低矮的了，非常适合盆栽。

绣球"万华镜"

矮牵牛，花开不断，永远会为它保留阳台的一席之地

旱金莲"阿拉斯加树莓红"。旱金莲的花很好吃，芥末味儿的

室内飘窗植物图鉴

室内飘窗布置比较简单，围着窗边摆放了
各种观叶的室内植物和苦苣苔科植物，需
要注意的是花盆的材质与配色。

西瓜皮椒草、彩虹竹芋和彩叶芋

镜面草

仙洞龟背竹

非洲堇 "阿尔卑斯"

非洲堇 "白夜"   非洲堇大合集

设计心得小分享

相信很多想把阳台打造成花园的小伙伴，在看了各种分享的案例和美图之后都会心潮澎湃，购物车瞬间超载，紧接着就陷入花、盆、土、肥、药、阳光、空间、时间永远都不够或不平衡的循环。我曾经也是这样，但很庆幸，园艺或植物于我几乎都是正面的反馈，让我有了在这个循环里继续螺旋上升的动力。然而，很多时候投入过于猛烈的热情并不一定总是能收获到想象中的回报，失望过后很容易放弃。有时候克制一点、耐心一点、磨唧一点，或许反而能够更好地享受园艺的乐趣、生活的乐趣。

陌上小园的花草时光

坐标：浙江杭州　　　　　楼层：4 楼

面积：4 ㎡　　　　　　　设计者：桑陌

朝向：南向

主要植物配置

| 蓝雪花 | 矮牵牛 | 黄秋英 | 郁金香 |
| 大丽花 | 铁角蕨 | 铁线莲 | 月季 |

阳台花园主人是一名自由艺术插画师，有时候低着头一画就是大半天，长时间的工作导致脖子和手臂经常酸疼不已，到阳台转悠转悠，就成了她的治疗方式。看看哪些花草需要浇水、施肥或者修剪，调整一下植物的摆放位置，也会为了冒出的几朵花苞而欣喜万分。忙累了，沏壶茶或者看会儿书，有时候也会在小花园里画画，沉浸在自己的小世界里。

对于花草的喜爱是童年的记忆，如今拥有了一个自己的阳台小花园，虽然面积不大，但这里承载着主人心中的花园梦。清晨醒来，就能闻到花草的清香，是一件很幸福的事情。即便是方寸之间的阳台，也能迎来属于它的春天。

花园主人偏爱日系花园风格，尤其是带着一些野趣气息的就更是喜欢，所以陌上小园也是走这样的设计路线，以白色和绿色搭配为主，其他颜色作为点缀出现，这样可以让空间显得更加宽敞。

阳台植物和摆件都是偏清新色系，如素雅的矮牵牛、铁线莲、百合花、郁金香等，白色的休闲桌椅。因为花园主人是油画专业毕业的，所以就动手制作了一块油画画框，用来当作小花园的背景墙，同时加上白色的栅栏，利于月季爬藤。

小花园里也会出现一些有趣的杂货摆件，如粉色的圣诞老
人、白色的鸟笼、铁艺风灯，还有带着鸟儿模型的爬藤架等，
这些都是小花园的有趣灵魂。

A HOME
without
a CAT
is just
HOUSE.

虽然花园的主色调是白色，但不妨碍其他色系的花朵竞相开放，尤其是迷人的月季龙沙宝石、可爱的夏洛特女郎，还有姬小菊和黄秋英。辛勤劳作终于换来鲜花盛开的场景，还能实现切花自由，这是最幸福也是最美的差事了！

除了月季以外，花园主人还喜欢铁线莲、大丽花、百合花和各种球根，所以在这有限的空间里，统统安排上了。还有一些常绿植物，比如蕨类、仙人掌，还有萌萌的多肉。

花园主人一直很喜欢塔莎奶奶的园艺生活，塔莎奶奶也是边养花草边用画笔记录自己的花园。在此，借用塔莎奶奶的话语共勉："黄昏时，不妨坐在阳台的摇椅上，一边喝着甘菊茶，一边倾听鸫鸟清亮的鸣叫声。这样，每天的生活，一定会变得更快乐啊。"

设计心得小分享

也许有人好奇，这么小的空间里怎么能种下这么多的花草？其实小花园像一块白色的画布，而我们就像画家一样，在画布上"画出"自己喜欢的画面。画中的构图与主色调极为重要，然后就是画面的视觉中心要突出，成为焦点。随着对花草的认识加深，我们也要学会做减法，留下适合阳台生长的植物，并不是对花草的热情减退了，而是因为更加深爱，所以会慢慢地进行简化，适合的才是最好的。

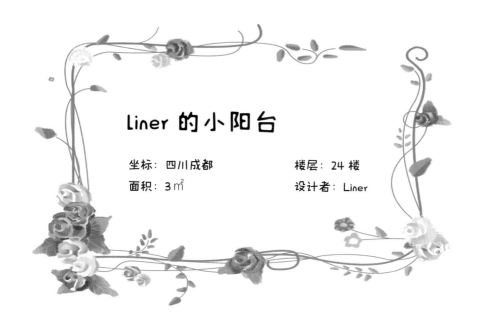

Liner 的小阳台

坐标：四川成都　　　　楼层：24 楼

面积：3㎡　　　　　　设计者：Liner

主要植物配置

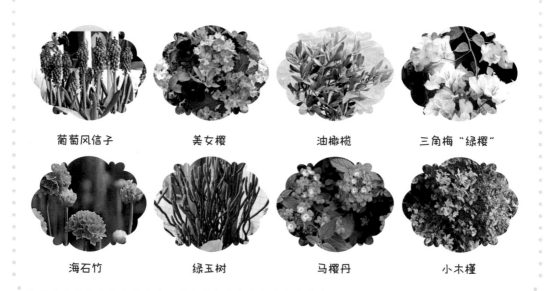

葡萄风信子　　美女樱　　油橄榄　　三角梅"绿樱"

海石竹　　绿玉树　　马樱丹　　小木槿

可能每个女士心中都有一个花园梦！想象在自己的花园里种上喜爱的花花草草，在花园的某个角落放上桌椅，或一书一茶，独处一隅，或三五好友，在花园里畅谈。但在城市生活中，或许更多的人只有方寸阳台，我便是其中之一。

我家阳台真的是属于迷你型的，只有3m长、1.1m宽，所以需要精打细算，充分利用好每寸空间，才能摆放出层次感。

阳台太小，不能用高大的植物作为层次背景，所以我用了一张桌子，把植物放在桌子上，这样就增加了高度，有了层次感。桌子上放了一棵油橄榄树和三角梅"绿樱"，另外，还用了一个蓝绿色木框来增加视觉高度。

增加层次感的收纳架

受空间局限，将数量较多的小花盆摆放在白色木质收纳搁架
上面，这样既整齐美观，又节省空间，还增加了层次感。

花园里的小精灵

阳台上有很多精灵，它们让小小的花园
看起来更有生命力，更有灵气，也更有
层次。

阳台植物

随着季节的变化，阳台上的花也不断地变化着，你方唱罢我方登场，好不热闹！

3m² 的迷你小阳台，如果想多摆放植物营造出花园的氛围，就要尽量向立面发展，用叠架方式进行立体绿化。如果不想摆放高大的植物，可以利用桌椅、花箱或者花架来增加高度，打造出高低错落的层次感，还可以通过花托将花盆固定在阳台围栏上，充分利用每一寸空间。

待在阳台

坐标：广东韶关　　　　　楼层：14 楼

面积：8 m²　　　　　　　设计者：呆呆

朝向：东南

主要植物配置

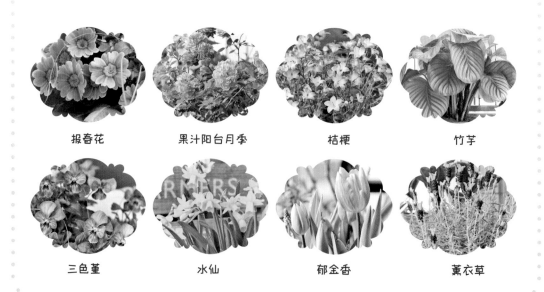

报春花　　　　果汁阳台月季　　　　桔梗　　　　竹芋

三色堇　　　　水仙　　　　郁金香　　　　薰衣草

爱上园艺是一种缘分，我喜欢具有生命力量的花花草草，与其说为了改善居住环境让我和园艺结缘，倒不如说是我心之所向，因为我真的热爱园艺。尽管阳台很小，蚊子很多，但还是喜欢待在阳台。推开落地窗，薰衣草的清香、蜜蜂飞舞发出的嗡嗡声，都会让人瞬间精神起来。

阳台位于 14 楼，东南朝向，整体布局比较简单，植物和杂货都放置于边缘四周，中间区域供家人日常晾晒衣物。阳光主要集中在早春和秋天，日照时长大概 5 小时，晚春和夏天日照时长大概 2 小时，为了能让植物沐浴在阳光下，整体种植位置均在阳台的边缘。

阳台左侧为杂货桌，桌面主要摆放耐阴的观叶植物，如竹芋、常春藤等，下面可以收纳一些杂物。

阳台正面为喜光照植物区，靠左摆放了一张格栅桌面的桌子，放置一些小盆栽，其余地方放置铁艺花架，花架底下种植有熊猫肾叶堇、常春藤、花叶活血丹、石斛、卡特兰等。摆放桌子和花架的初衷并不是为了好看，而是为了增加高度，让植物有更好的生长条件，因为阳台护栏的下半部分是镀膜玻璃，通风和光照都不佳。

阳台右侧区域是以绣球为主的耐阴植物区，尽管采光一般，但是依然能在夏天感受到绣球带来的美好。冬天做球根组合，花期过了的球根就撤下来，放上即将开花的洋水仙，在有限的空间里种植更多自己喜欢的植物。

我喜欢 DIY 一些盆器的颜色和效果，把它们改造成
自己喜欢的样子，一边养一边看，一边静待花开。

靠近客厅的阳台内侧，有一张捡来的旧板凳，DIY 的组合盆栽或者很喜欢的植物，当正常拍照不满意时，就会搬到凳子上摆拍留个纪念。

竹芋叶色清新，如果养护得当，绝对是空间的一大亮点。竹芋耐阴性虽强，但也是需要光的，不是直射的太阳光，而是明亮的散射光。其对浇水的要求也比较高，需要保持土壤湿润，但不能积水。在肥水和光线好的环境下，竹芋的生长是很快的，要想有更好的观赏性，需要根据实际情况修剪枝叶，将那些不成簇的或发育不良的枝叶剪掉。想要株型好看，还可以使用矮壮剂，喷一次矮壮剂后隔两个星期再喷一次。竹芋是热带植物，不耐寒，温度最好保持在18~25℃，夏天最好不高于32℃，冬天不低于10℃。

在洒满阳光的阳台上
做一个花园梦

坐标：福建泉州   朝向：东南

面积：7㎡   设计者：Serena

主要植物配置

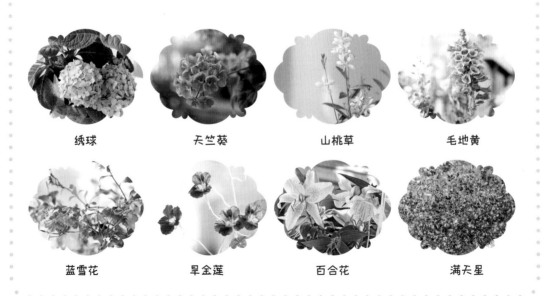

| 绣球 | 天竺葵 | 山桃草 | 毛地黄 |

| 蓝雪花 | 旱金莲 | 百合花 | 满天星 |

我是一名 80 后花痴妈妈，喜欢养花，喜欢记录孩子们的成长，喜欢身边一切温暖、美好的事物。

阳台布置

阳台是东南朝向，呈矩形。栏杆上凸出去的部分，是后来请人改造的，增加了种植空间，也让植物能更好地吸收阳光，也更加通风。

阳台色彩

我觉得颜色太多容易审美疲劳,唯有白色永远看不腻,所以阳台基础色调选用了白色。我喜欢把同色系或者邻近色系的花摆在一起,这样看上去不会显得太杂乱。至于花盆的颜色,用的主要是红陶花盆和白色塑料花盆,因为花盆颜色太多,也会显得杂乱。

阳台道具

阳台地面原来铺着蓝色瓷砖，为了更好地营造花园的自然气息，在蓝色的瓷砖上铺了一层木塑地板，冬暖夏凉，光脚踩上去也很舒服。可是时间久了地板下面容易积攒一层厚厚的泥巴、树叶等，清洗过程有点辛苦，但是为了心爱的花园，乐此不疲。阳台一角布置了一个轻便的拱门，辅助牵牛花攀援而上，也可以用来悬挂植物。

原木色的摇椅、色彩纯净的淡蓝色地毯，使得整个阳台更加温馨。在陈列上，我时常会挪动花盆，再结合花凳，尽量让整个空间陈列高低错落有致。

可爱有趣的小摆件和杂货也活跃了阳台花园的气氛。

孩子们的阳台时光

阳光洒满阳台的时候，宝贝们喜欢在阳台吃早餐、画画、玩水、做小手工、看书。哪朵花儿开了，孩子们会第一时间注意到。我们一起种下了西红柿、土豆、玩具瓜，体验种植的乐趣。渐渐地，孩子们学会了留意身边的美好。每次出门，无论哪里有花儿，孩子们都会迅速发现，兴奋地叫道："妈妈，你快看！那花好漂亮！"园艺的教育潜移默化到下一代身上，那真是令人欣慰的一刻。

花园里随手剪下来的花，放在餐桌上是不是很有生活气息。

透过玻璃，看窗外阳光下深深浅浅的绿意，五色斑斓的花儿，一切都是最喜欢的样子。

在花园里看书、画画是一件非常惬意的事情。

花园是心灵休憩的地方，年轮更换、四季交替，生活中所有的不快，都会被花开治愈。

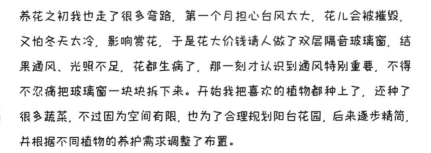

设计心得小分享

养花之初我也走了很多弯路，第一个月担心台风太大，花儿会被摧毁，又怕冬天太冷，影响赏花，于是花大价钱请人做了双层隔音玻璃窗，结果通风、光照不足，花都生病了，那一刻才认识到通风特别重要，不得不忍痛把玻璃窗一块块拆下来。开始我把喜欢的植物都种上了，还种了很多蔬菜，不过因为空间有限，也为了合理规划阳台花园，后来逐步精简，并根据不同植物的养护需求调整了布置。

阳台花园的另一种可能

坐标：贵州毕节　　　　楼层：1楼，2楼
面积：5.5 ㎡ +3 ㎡　　设计者：秋千
朝向：南向

主要植物配置

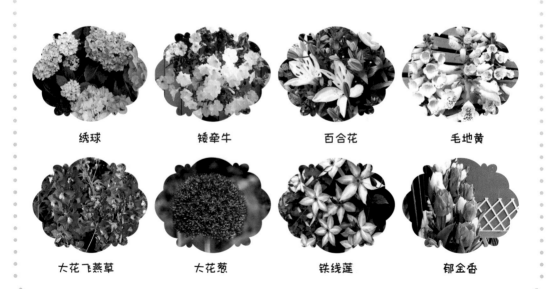

绣球　　　矮牵牛　　　百合花　　　毛地黄

大花飞燕草　　大花葱　　　铁线莲　　　郁金香

一楼阳台花园位于客厅和茶室的外面，由茶室出入。大扇的落地玻璃门让人在看书、喝茶、看电视时抬头就能看到外面的宝贝花草们。

一楼阳台露天部分宽 1.5 m、长 2.5 m，与它相连的有顶遮盖的阳台被划了一部分给室内，所以形成了一个绣球花小道，在小道的尽头做了一个柜子，用来放花园工具及梯子。

QIU QIAN

一直羡慕露天花园可以地栽的环境，对草坪也有执念，所以大胆地把阳台做成了假地栽模式。这是早期在覆土前的底层处理，做完防水以后覆盖一层沥水层，沥水层上面铺上土工布，再来一层陶粒，这样就可以覆土了。

我的阳台花园是一个以绣球为主题的花园。选择以绣球作为主题，是因为它是夏天开放的花，春天的花园是喧嚣热闹的，你方唱罢我登场，而夏天的花园却总是一片菜色。我喜欢冷色系的花园，希望夏天有一汪蓝色让我伸手可及，抬眼可见，所以绣球可调色的特性成了我的不二之选。

都知道绣球怕晒，那就动手给它搭个凉棚，收放自如，方便又美观。

毛地黄、大花飞燕草、大花葱、铁线莲、龙沙宝石月季等撑起了早春花园的颜值，那时的绣球还打着绿色的花苞。当夏天来临，春花退了场，绣球就开成了蓝色的海洋。

在绣球花小道的正上方，二楼主卧室的外面还有一个3㎡的小阳台，我把它打造成了乡村风格花园，可以在这里乘凉、看月亮，也能看见一楼小露台的全貌。

自从自己种花以后，家里的插花基本来自自家花园，每每看见这些在花瓶里迎来第二次美丽的花朵，都有满满的幸福感。

设计心得小分享

喜欢地栽的环境，但是如果阳台不是恰巧在一楼，又与室外相连，考虑到阳台的承重和排水问题，很难在阳台上直接堆土种花。这时可以通过植物的高低，也可以借助桌椅、花架等道具打造出景深效果，在花盆与地板以外的空间铺一些鹅卵石或者大块的松鳞，尽量从视觉上模仿地栽效果。阳台花园的另一个可能，可以没有到处摆放的花盆，可以雨后闻见青草的芳香，让园艺融入你我的生活，让我们做更好的自己。

小睡神的四季阳台

坐标：广东潮州　　楼层：6 楼

面积：14 ㎡　　设计者：小睡神

朝向：东南

主要植物配置

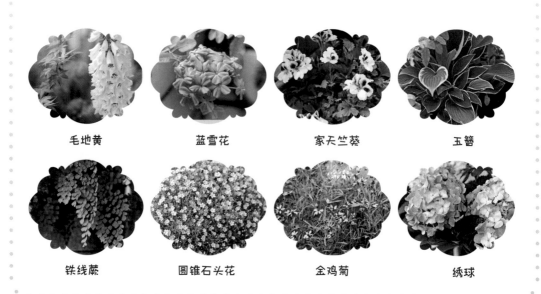

| 毛地黄 | 蓝雪花 | 家天竺葵 | 玉簪 |
| 铁线蕨 | 圆锥石头花 | 金鸡菊 | 绣球 |

一直以来的梦想就是拥有一个真正的花园，但现实却是只有一个约 14 ㎡的入户阳台，东南向，日照还算不错。一年多前开始利用工作之余的闲暇时光，将阳台改造成舒适的休憩空间，并亲手打理成一个小花园。从此，周末的清晨与午后，家里有了一处别样的风景。

入户阳台左侧靠近栏杆的区域有相对充足的光照，主要种植各类喜光的花草。同时，因为贪恋阳光的温度和气味，所以在此处放置了休闲的桌椅。

右侧区域靠近客厅，光照相对不足，主要种植常绿的观叶植物。

如何在不影响阳光和通风的情况下，还与楼房外界环境中不和谐的画面入镜，如何让阳台花园更有层次感，是改造阳台时需要重点考虑的。淘来两块做旧复古的门板，前后错落放置在阳台一角，在小小阳台花园制造出一丝庭院曲径通幽的视觉效果，并随着不同季节变换呈现不同场景，这也是日常拍摄取景最多的地方了。

将原本铺设于地面的防腐木地板一部分刷成白色，靠立在阳台的玻璃栏杆处，作为休闲区的背景墙，增加阳台的私密性，并选择适合高度的枫树和铁艺花架做为骨架。

另外一部分木地板仍保留于地面，增加花园自然质朴的气息。

虽然阳台花园的空间、日照等条件非常有限，大部分花草植物只能用容器盆栽，期可以随着季节和光照的变化，移动盆栽，利用不同的植物搭配和布局调整，呈现不同的场景，有不同的新鲜感。

为了让入户阳台花园保持较整洁的状态，在北面的生活阳台开辟了一个小小的植物养护区。

不同品种、高度、色调的绿植是阳台不可或缺的重要元素。当繁花盛开的春季过去，只要有绿植撑场，一派绿意盎然、郁郁葱葱的景象，依然很具观赏性，阳台因此也可以变成一个四季花园。

小小的阳台花园同时种植了七八种蕨类，而在繁多的蕨类植物中，最爱的就是铁线蕨。独爱它如少女发丝般的灵动枝条，修剪时总感觉自己是一位"灵魂"发型师。

剪一些蕨类枝条，搭配美丽的芍药做成花束，洋溢着清新自然风。四季交替，花草解忧，看着花儿一点点在时光里绽放，那些紧张、焦虑也随之消散。

利用晒干的鲜花制作挂饰、手捧花、相框等干花手作，延续花的生命与美丽姿态，并不动声色地融入房屋装饰中，既有了生命和温度，又有复古时光的味道……

设计心得小分享

"四季如春"是赞许亦是桎梏，亚热带的炎热与潮湿，决定了栽种品种的局限性。适合广东地区栽种的植物品种本来就不多，适合阳台的就更少了。"阳台党"是否也配拥有毛地黄等如此高挑大气的植物？一开始还是有些担心的，种植以后发现日常养护竟是如此省心，表现更是优秀得令人感动！虽然我的阳台花园还不是理想的状态，但更利于倾注时间打磨至臻。虽然不是每个人都能有一个从这头望不到那头的秘密花园，但"阳台党"亦有春风十里的情怀，只要用心投入，在家一样可以沐浴春风、感受四季，把春天装进容器，方寸之间也能收获满园芬芳。

小阳台，大梦想

面积：10 ㎡　　　　楼层：3 层

朝向：南向　　　　设计者：微微

主要植物配置

月季　　　　虎尾兰　　　　天竺葵　　　　蝴蝶兰

多肉　　　　绣球　　　　郁金香　　　　满天星

园艺情怀

梅·萨藤和王小慧都是我比较欣赏的人。萨藤的隐居、写作、园艺种植,还有那种对沉默孤独的心灵需求,都是我所点赞的;而小慧对于镜头下花的微观、细节感受,如此细腻却又别有情韵。二人所处的时代和环境不同,对于花草的视觉也各不相同,却同是被植物眷顾的人,植物给予了她们美、信心、灵感还有力量。

其实,花草也是我的安慰剂和百忧解,悉心照顾一棵植物的过程,是一种心甘情愿的付出,其间的交付、寄托和给予,并非单向进行。它们回馈于我的,远远多于我给予它们的。拍下它们成长的每一个阶段,就如同记录着我一段又一段的人生。

花草、植物、阳光、阅读、写作,这些是我生活的重要底色。不管碰到什么样的不如意,它们散发出的华美光彩总能驱散心里的阴霾,让人始终向生活摆出喜悦的姿态。待人接物,都会温和、真诚,彼此都会感觉善意。

关于种花

比起直接买回成型的花株，我更喜欢培育的过程。扦插、叶插、移植、分盆到逐渐繁盛……这样的种植，于财力而言不会成为负担，陷入无止境的欲望；于己来说，适当的劳作和耐心的照料等待，也是一种生活乐趣。

种植效果

每一个季节，家里都会有花朵盛开，不论雨天或晴天，光线或阴影里。它们与叶子、枝条的关系，与花器、家具的依傍，与窗外、屋内的映衬，都各自美好。阴面、阳面植物的选择，色彩、层次的悉心搭配，不辜负每一个时节。

花草真是治愈系的，种植和照料就是一场修行。每一片叶、每一朵花都只在当下，时间的流转照样会带来空间的更迭感。晨光熹微，暮色四合，与植物的物我两全，我相信万物有灵，将时间与精力注入，任其生长，与之相伴。

花草搭配心得小分享

在有限的空间中，要想季季有花，月月赏绿，那品种的选择就很重要了。不大的阳台，既有常绿植物的身影，如虎尾兰和多肉植物，也有季节分明的时令花卉。

虎尾兰叶形高耸，代表着一种坚韧不拔的毅力，就如同我们的生活一般蓬勃向上。多肉植物肉肉的，矮矮的，可以疗愈我们的身心。而选择月季的主要原因，是因为它的花期一年四季，有些还有浓郁的花香。天竺葵开花到初夏，随后寓意着圆满的绣球花隆重登场，满天星繁花点点，直至极具观赏价值的春节花卉蝴蝶兰，一整年都让我们置身于花草围合之中。

10 ㎡左右的小阳台，也承载着一个大大的"花园梦"。小小的阳台，让我常常心有玫瑰，它让已走过和未知的所有路途，皆温暖而光明……

家的模样便是你的模样

坐标：四川乐山　　　设计者：跳动音符小虫

面积：20㎡

主要植物配置

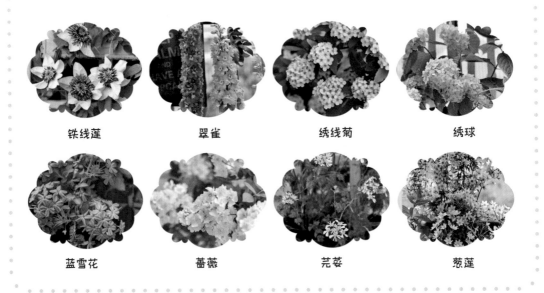

铁线莲　　　　翠雀　　　　绣线菊　　　　绣球

蓝雪花　　　　蔷薇　　　　芫荽　　　　葱莲

小的时候，父亲在屋檐下种了许多花，有各种各样的菊花和兰草，印象最深的是吊钟花，像一个个铃铛垂吊着，可爱得很，想来我对种花的痴迷也是受父亲的影响吧。

春天的满园盛放到了初夏也变得些许寂寥了，蓝雪花和白雪花相互映衬着，绣球花让花园多了一丝粉嫩的色彩。不同的季节，阳台花园里有着不同的风情，我们要接受春天的繁盛，也要接受冬季的萧条。

在不同的季节，我都会尽可能多地给花园拍照，也会根据照片来调整植物的摆放位置，增添一些杂货，直到满意为止。

英国园艺大师蒙提·唐说："再小的花园都要做分区。"，于是我开始琢磨在阳台做一个隔断花架，用来区分休闲区和晾衣区，因为一个阳台不可能只种花，洗洗晒晒才是我们生活的常态。后来还将整个花园的花色也进行了区分，主打白色、粉色、紫色，每个区域的花色也都进行了搭配。

为了制作花架，购买了气钉枪、电动螺丝刀等，刷漆、打磨、安装都是一个人搞定的，花架隔断做好后又改造了护栏，满满的成就感。

虽然没有露天大花园，但是20㎡的阳台，已让我有几分满足，从小白的买买买到后来的断舍离，我一直坚信：家的模样便是你的模样。时光悄无声息，如梦幻般流去，日子悠长而舒缓，花开了又谢，叶绿了又黄，所有的一切都让我觉得有种幸福感，不求大喜，只需要一点点小确幸就好！

设计心得小分享

如果家里只有一个阳台，既要晾晒衣服又要养花，不做分区就会显得比较杂乱。可以把阳台一分为二，一边做花园感受大自然的清新，另外一边隔成洗衣晾晒的生活区。一般可以通过三种方法进行分区。

①局部地面抬高。如果阳台面积较小，可以通过铺设防腐木地板将阳台一侧的地面抬高，用来种植花草，另外一侧保留原来的地面，做生活区。

② 玻璃门隔断。可以在阳台中间装上玻璃推拉门或玻璃隔断，生活区做封闭设计，既防尘又通透，花园区做开放式设计，通风性好，更适合植物生长。

③ 木格栅花架。用木格栅花架做隔断，可以从视觉上将生活区和种植区分开，格栅花架一侧种上爬藤植物，打造成一面花墙。

图书在版编目（CIP）数据

阳台花园改造记/晓气婆编著. -- 南京：江苏凤
凰美术出版社，2022.1
　　ISBN 978-7-5580-9723-2

　　Ⅰ.①阳… Ⅱ.①晓… Ⅲ.①阳台–观赏园艺 Ⅳ.
①S68

中国版本图书馆CIP数据核字(2021)第267410号

出版统筹	王林军	
策划编辑	段建娇	宋　君
责任编辑	王左佐	
助理编辑	孙剑博	
特约编辑	宋　君	
装帧设计	李　迎	
责任校对	韩　冰	
责任监印	唐　虎	

书　　名	阳台花园改造记
编　　著	晓气婆
出版发行	江苏凤凰美术出版社(南京市湖南路1号　邮编：210009)
出版社网址	http://www.jsmscbs.com.cn
总 经 销	天津凤凰空间文化传媒有限公司
总经销网址	http://www.ifengspace.cn
印　　刷	雅迪云印（天津）科技有限公司
开　　本	710mm×1000mm　1/16
印　　张	9
版　　次	2022年1月第1版　2022年1月第1次印刷
标准书号	ISBN 978-7-5580-9723-2
定　　价	49.80元

营销部电话　025-68155792　营销部地址　南京市湖南路1号
江苏凤凰美术出版社图书凡印装错误可向承印厂调换